MIRALLES TAGLIABUE-EMBT

ITALO ROTA

REM KOOLHAAS-OMA AMO

GIUSEPPE TERRAGNI

MASSIMILIANO FUKSAS

ZAHA HADID

扎哈·哈迪德

AHA HADID

经典与新锐——建筑大师专著系列

扎哈·哈迪德

【意】玛格丽塔·古乔内 编著

兰梦宁 译

王 兵 校

中国建筑工业出版社

目　录

作品掠影

斯特拉斯堡，霍恩海姆北部联运终点站

莱比锡宝马中央大楼

哥本哈根，奥德罗普格博物馆的扩建

作品掠影　　　　　　斯特拉斯堡，霍恩海姆北部联运终点站

哥本哈根，奥德罗普格博物馆的扩建

引言

扎哈·哈迪德的挑战

20世纪80年代初，当扎哈·哈迪德第一次登上国际建筑舞台时，便可以预见其不久就会成为明星建筑师。她的成功要素包括：女性，伊拉克出生，英国长大，学习建筑之前在贝鲁特（Beirut）取得数学学位，在久负盛名的建筑联盟（Architectural Association）学习建筑并取得教职。1979年，在雷姆·库哈斯和埃利亚·曾格利斯（Elia Zenghelis）的大都会事务所工作三年之后，她在伦敦开办了自己的事务所。2004年，成为第一位赢得有建筑界诺贝尔奖之称的普利兹克奖的女性。她从一开始就醉心于20世纪的先锋主义运动。她的建筑实验根植于反传统与梦幻般的建筑美学，开创了一条非常个性化的路径。从严格意义上讲，扎哈·哈迪德不算是一位建筑师，换言之，她不仅仅是一名建筑师——她也从事绘画和产品设计，所以她是一名全才的建筑师，在差别很大的不同领域中都游刃有余。她的工作涉及广阔而异质的文化背景，这与她根植于伊斯兰文化而又受到抽象的至上主义、严格的包豪斯学派、波普艺术和无具形艺术（the Informel）的影响有关。在她的作品中，现代主义同数学中的"域"与"波形"概念相结合。经过30年的研究与全球范围的实践，已经形成了一种空间的新概念。尽量避免使用传统的笛卡儿坐标系，空间从线与域的力量中生成，运用灵活的、动态的几何形体，展现着对未来不规则起伏城市景观的预测。

艺术 VS 建筑

扎哈·哈迪德的研究开始于一张建筑空间的图画，她据此将二维图像向多维转换。她的毕业设计的题目——《马列维奇的建构》（Malevich's Tektonik）就很说明问题。该设计受到至上主义（Suprematism）创始人作品的启发，意在泰晤士河上创造一个类似佛罗伦萨老桥的支覆结构。

"你必须创造一种，或者是几种新的空间秩序。流动的平面、碎片化的语言、精密计算的风险，这些来自马列维奇和至上主义艺术的概念，为空间的使用和创造提供了新的形式。"这些话语可以解释扎哈·哈迪德为什么会选择这些作为其思维的源泉。她的第一个项目也参考了蒙德里安和里德维尔德的新造型主义（Neo-Plasticism）、康定斯基、密斯·凡·德·罗的流动空间。这些大型的画作并不能描述最终的设计作品——图形媒介不是建筑的最终表现方式，但却是创造的方式，是创造过程的直接表达。通过多样的同时性的可视化模拟，这些作品表现出能量和形式之间的张力，产生出进步的、自发的建筑空间。

1983年扎哈·哈迪德发表的"世界（89度）"[The World（89 Degrees）]通过一个人工景观集合了她此前的作品。作品假设从正在发射的火箭上，以异常视角，通过颠倒地平线，使地表曲线可视化。作品诠释了可以通过不同方式构思建筑设计，它也展现了扎哈·哈迪德基本的建筑信条：建筑空间不应被静态的欧基米德几何原则所束缚，可以通过其共时性而动态地去探索；建筑空间不只具有几何性，同时还具有时间性和被感知的特性。

同年，扎哈·哈迪德赢得了香港山顶俱乐部国际建筑竞赛，从而引发对其思想与表现形式的

对页：菲诺（Phaeno）科学中心，沃尔夫斯堡（Wolfsburg）

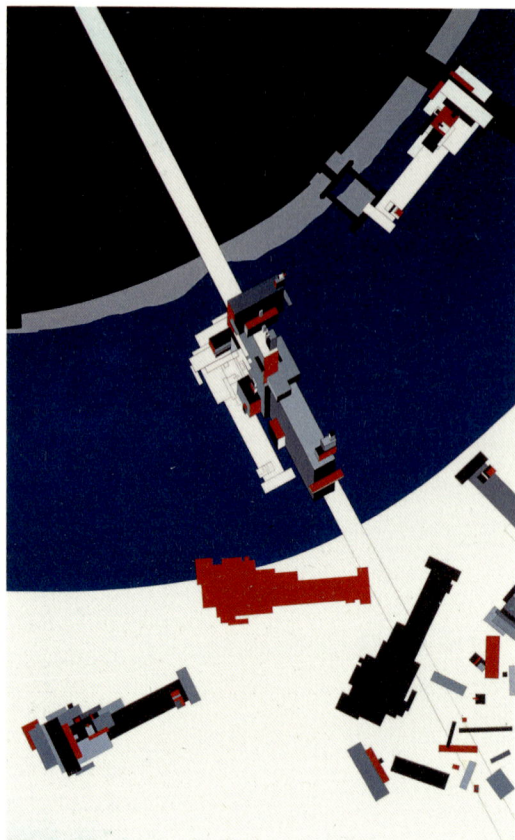

《马列维奇的建构》1976-1977年，画作　　　世界（89度），1983年，画作

广泛关注。坐落在香港最高山顶的这座"水平的摩天楼",采用轻型多向结构以便向不同方向获得水平面,以"不均衡"的构成著称。建筑元素是抽象的几何体碎片,采用朝向一个开敞、密集又不稳定的组合方式与周边环境发生关系。随后的一些设计项目,扎哈·哈迪德再次采用了不寻常的尖角以展现其设计理念的潜在变化,通过不同的尺度表达出来,从建筑尺度到城市与景观的尺度:在伦敦一套公寓的装修中,哈迪德发展出沿着力与能量流的线产生断裂形体的主题(卡斯卡特街24号,1985-1986年);日本札幌的满月(Moonsoon)餐馆(1989-1990年)设计采用交互的几何体,产生出两条不同又互补的空间体系,各自采用独立的色彩系统有效地加以强调——餐馆采用具有金属质感的冷灰,而酒吧部分采用明亮温暖的红色;柏林的库佛斯登坦(Kurfürstendamm)(1986年)采用了类似"三明治"结构创造办公街区,而同一城市的IBA2区的住宅楼是对不稳定平衡的研究结果,其最终方案与初始设计有所不同(1986-1993年);罗宁根视频音乐亭中的跳动的、色彩斑斓的监控设备(荷兰,1990年);杜塞尔多夫的佐尔霍夫3(Zollhof 3)媒体公园等高线分层与公众层的连接设计(1989-1993年),标志着用人工创造环境模拟自然景观分层设计的开始。

此后的卡迪夫湾(Cardiff Bay)歌剧院(1994-1996年)设计中,扎哈·哈迪德在第一轮国际竞赛中获得第一名。设计将整个平面隆起,形成一个球形以放置剧院的门厅,前面形成一个很大的椭圆形(Oval Basin)广场。同样的,装置、展览、临时陈设和产品设计都为哈迪德进一步定义自己的建筑设计风格提供了机会。1992年,在纽约古根海姆博物馆举办的纪念俄国和苏联先锋派设计的名为"伟大的乌托邦"的展览中,哈迪德设计的塔塔林塔的装置,直接借鉴了赖特的螺旋形式。强烈的空间特点突破了传统的为艺术品摆放而设立的白色和均衡的中性空间。

美学运动

20世纪90年代，对哈迪德而言其主要工作是直接面对建造中的现实问题。随着一些建筑的建造，她的工作进入了新阶段：通过建造以验证其建筑理念。位于莱茵河的魏尔（Weil am Rhein）的维特拉家具厂的消防站（德国，1993年）是哈迪德早期建成的作品之一。建筑结构分布为一系列的彼此追逐的离心线并一直延伸到景观中。因为建筑的隔断——类似于墙界定了一种介于室内外的不断变化而不确定的边界，从而实现了哈迪德在其较早设计图中形式。同时，该消防站与周边景观形成了一种非同寻常的关系：建筑视觉系统以及边缘锋利的建筑体量能够嵌入周边文脉。对于包括环境在内的协调效应的密切关注，与抽象的平面布局相比，可以发展成为不可计数的其他项目，比如同样建于莱茵河的魏尔（Weil am Rhein）的LFOne园艺展廊（1993-1999年），它和谐和流动的几何形体成为周边环境基本的不可或缺的部分。它开放的、拉长的、尖锐的建筑形体发展成为那个时期扎哈·哈迪德建筑设计的"标准语言"，与她确立的几个关键概念一起，巩固了她迥异于传统设计方法的声誉。扎哈·哈迪德颠覆了空间的概念，取而代之以另一种存在；透视不再只是单点的概念表达，而是共时的、多类型的空间体验。

在她的第一阶段，其设计以碎片化的元素以及动态的重组为主要手段，以运动和流动为主要特征的波形域和强度不同的力，生成了一种全新的建筑表现方式。其空间体验的特别兴趣在于时间性，但不是建筑存在寿命的时间；时间对于假定穿越建筑结构的参观者而言，只能循序渐进地了解该建筑的空间，而不是从一开始就有总体的认知。建筑空间似乎在邀请参观者进行进一步的漫游，其奇妙感受与在大自然中漫步的经历相仿，一种景随人转、步移景异的感觉油然眼前。建筑最终的目的是："提供有趣味的、能够给生活增加新意的公共空间。这意味着对生活空间形式的不断再创造，不断地思考我们如何构思它们、如何使用它们。它导致了更具有渗透性的城市空间的产生，不再是私人空间与公共空间之间的坚固壁垒"。一系列的技巧被发展出来以保证设计过程：在辛辛那提当代艺术罗森塔尔（Rosenthal）中心设计（1998-2003年）中，每个物体被打碎，通过垂直聚合确定其空间多孔性。通过类似拉伸的方法提高公共活动的平面层，使得道路与周边的城市参与进建筑的纵向系统，

上图：MAXXI——位于罗马的21世纪国家艺术博物馆的效果图
下图：新加坡北部总体规划，效果图

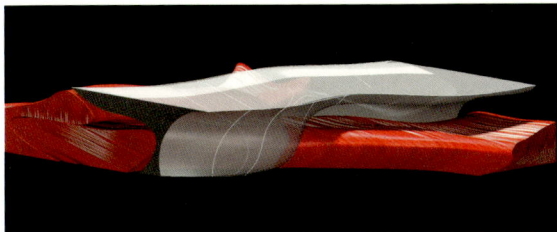

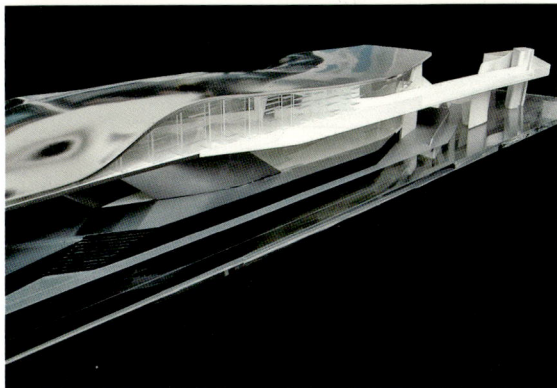

同时方便功能划分。与此相反的，在MAXXI——位于罗马的21世纪国家艺术博物馆（1998-2009年）中，依据能量域（Energy Fields）所发展起来的水平系统在设计中起决定作用，而这种设计手法一次次地重现。其一系列的交织与叠加在一起的建筑体量，仿佛被流动的力所推动，最终溢于基地边界，置于原来精巧的建筑之上，切实地与城市交融为一体。该设计的概念是建立一座"城市校园"，传统建筑结构的概念拓展向多维空间，向外延伸到城市空间，向内容纳博物馆的展示与设施。

哈迪德意识到其地块的潜力，她提出该建筑应永久为公众所用，通过几何比例和与周边环境建立多种关系的手段，使原来沉睡的城市地区重获新生。通过诠释复杂功能与设计过程中的重复与碰撞，新建筑成为城区转变的最直接的代言人。与斯特拉斯堡的霍恩海姆北部联运终点站及停车场（Multimodal Car Park and Terminus Hoenheim-Nord）（1999-2001年）的项目一样，罗马项目使用者多方向的活动轨迹，固化为相交或相连的建筑元素。这些包含了实体与空间的建筑元素通过物质表现出来，其连续性为人感知，随着主题相互呼应着散落于基地，像哈迪德钟爱的三宅一生（Issey Miyake）设计的带有微小褶皱的时装一样。与传统建筑完全不同，这一时期的建筑，当然也包括材料，似乎在探讨不同形式的自由表现力。扎哈·哈迪德使用现代建筑材料：水泥、玻璃、不锈钢；但她倾向于用最极端的方式表现其形式与结构张力。例如水泥不仅是建筑材料，它更是塑造建筑形象的载体，从建筑空间的形式到质感。从方式到结果，哈迪德与传统现代主义建筑师外饰面直接暴露材料的做法不同——比如安藤忠雄"安静完美的"清水混凝土。这种材料在施工中展现出潜在的动感与可塑性，在哈迪德的实验中被用到了极致。在室内设计中，她同样致力于创新、热成的（thermo-molded）材料：连续的表面引人触摸，传达着多样的信息，并随光线而变化。

对时空连续性的探寻引发了这位盎格鲁—伊拉克建筑师相关的富有创造性的发展。在为弗雷德里克·弗拉芒（Frédéric Flamand）的芭蕾舞团的《大都会》舞蹈剧进行的舞台设计（沙勒罗瓦/芭蕾舞剧，比利时，1999年）中，她创造了流动的、混合的空间以激发舞蹈演员的动作。建筑仿佛带有呼吸的节奏，在一呼一吸间一张一弛，艺术家身处其中仿佛受到建筑的鞭策。同样的情况发生在为萨瓦亚和莫罗尼设计公司（Sawaya & Moroni，Z-Scape，2000年）设计的桌、椅、台、凳之上。它们就像在混乱的动态空间中悬浮一样。在不连续的抽象设计语汇中，人体工程学的引入保证了内部的主题。

上图：Z-scape家居，研究图纸
下图：萨莱诺（Salerno）轮渡终点站，电脑渲染图

新世界

　　扎哈·哈迪德注定会取得成功。今天，她在其建筑设计中大量采用电脑辅助设计。电脑渲染似乎特别适合其设计语言的表达以及对超越了当今大都会的新世界的描述——无论是真实的或者幻想的。其表现形式特别适合大都会总体规划阶段，例如新加坡（纬壹总体规划，2002年）和纽约城（2012年奥运村，2004年）等设计中，哈迪德将其研究范围拓展到土地利用的主题以及关于城市规划中动感形态与空间的实验。她的总体规划预示了与未来方式相适应的空间经验。景观成为哈迪德新的设计兴趣点，她探讨了一种意外的三维维度，体块取代了线条成为动感来源。运动的体块形成了地面，通过一系列的切割、提高、变形去塑造形体，围合空间，使表皮获得弹性柔弱的感觉。凸凹的表面彼此相连，像是大自然创造的现象一样，让人联想起融化的冰山以及火山中流淌的岩浆。它们是巴西建筑师奥斯卡·尼迈耶的延续，正是他被认为是"正式对……流体形式项目表现出极大兴趣"。在哈迪德最新的一系列项目表达出其探讨的结果。例如德国沃尔夫斯堡（Wolfsburg）的菲诺（Phaeno）科学中心（1999-2005年）仿照了自然地貌的分层，形成了类似火山口状的体量，其下由倒置的圆锥体支撑；2005年对公众开放的哥本哈根奥德罗普格（Ordrupgaard）博物馆像一个贝壳从地面升起，在花园中扭动。卡利亚里（Cagliari）的当代艺术博物馆（2006年）是哈迪德最近最钟爱的项目之一。它以地标的姿态为撒丁岛城市的海岸线带来了新意。一个巨大的中间被侵蚀的有机形态，在内部呈十字的巨大孔洞的开放空间中，为当代艺术展览的聚合提供场所。

上图：沙勒罗瓦（Charleroi）市的芭蕾舞《大都会》舞台结构设计，编舞为弗雷德里克·弗拉芒。
下图：伦敦千禧穹顶的心念区

当代空间性

不使用常用的评判标准，扎哈·哈迪德的建筑应该如何被欣赏？她创造的建筑图景应该如何被总结？回答这些问题，可以从三个主要方面寻求答案。第一方面是隐喻。她的作品试图将空间原则融入电子与信息时代：互动、仿真、关联、数据流以及非物质性。这带来了大胆而极度有力的形式。她设计中的流线产生出蕴含能量的空间，轻巧而令人振奋，引人入胜。其设计似乎模仿了人类大脑意识运行方式中的共时性——不间断的意识流，不间断的信息交换。

第二方面是空间。扎哈·哈迪德的空间是矛盾的纠缠，实—空、重—轻、固体—流动、开—合、不透明—透明，都是其涉及的基本原理。正是对这些塑造了大自然原理的类比成就了其建筑空间。同时，其建筑形式很难被归类。透明而多孔的沃尔夫斯堡（Wolfsburg）的菲诺（Phaeno）科学中心不仅仅是广场，更是公共空间向城市综合体的延伸，为人群的通行提供多样的选择。萨莱诺（Salerno）的轮渡终点站（Maritime Terminal）不单是空间体量，也是一个逃离了重力定律的精巧建筑，却深深锚固在了景观之中。其不稳定的造型让人不断地联想到海浪与大海。

第三方面是在其作品中一直出现的景观。虽然建筑师现在采用电脑模拟其景观设计，但其早期图画中不寻常的景象依然根植其中。哈迪德的建筑不满足于适应当前的景观，她宁愿勾画出新的景象，融入复杂、新奇，甚至诡异的，超出寻常的概念。在LFOne园艺展廊设计中，其设计姿态采用了网络化的流动形体，固化其隐形路径的瞬间形态形成的空间，实现了建筑既要生动激进，又与场地和谐这一看似矛盾的要求。

她在意大利的工作获得认可——包括在罗马、萨莱诺（Salerno）、米兰、阿夫拉戈拉（Afragola）以及近期的卡利亚里（Cagliari），或许来自于她能够建造极美而又彻底现代的建筑语言，同时又能够与现存的环境展开对话。哈迪德的建筑并不和建成环境抗衡，或是采取征伐的姿态；相反，她用作品中的物质的、可感知的情感光辉去重塑环境。其作品拥有着就像当年巴洛克建筑照亮中世纪罗马城一样的力量。在这个富有文化氛围的国度中，这位伊拉克出生、根植伦敦的建筑师的作品，能将历史环境与我们生活的时间融合得怎样丰富绚烂呢？这个挑战与她的方向并存："没有了个确定，没有向未知的迈进，就不可能有什么创新。"

1950	生于巴格达。
1971	于贝鲁特（Beirut）的美国大学取得数学硕士学位。
1972	进入伦敦的英国建筑联盟学院（AA），于1977年毕业。
1978	在雷姆·库哈斯和埃利亚·曾格利斯的大都会建筑事务所工作；任教于英国建筑联盟学院（AA）；在英国和美国的一些学校任教。
1979	以伦敦伊顿广场59号（59 Eaton Place）公寓项目为起点，开始个人的职业生涯。
1982	赢得英国建筑金奖。
1983	在香港山顶俱乐部项目竞赛中，赢得了人生第一个设计竞赛。
1986	柏林的库佛斯登坦 70（设计竞赛获胜作品）。
1988	纽约现代艺术博物馆（MoMA）参加"解构建筑"展览。
1989	日本札幌的满月餐馆。
1991	德国莱茵河的魏尔维特拉家具厂消防站（建成于1993年）。
1992	纽约古根海姆博物馆，"伟大的乌托邦"展览； 杜塞尔多夫的艺术与多媒体中心（竞标获胜方案）。
1993	柏林IBA-Block 2居住建筑（设计方案）。
1994	威尔士加得夫（Cardiff）湾歌剧院（竞标获胜方案）； 维也纳斯皮特劳高架桥多功能综合体（2005年建成）。
1996	伦敦泰晤士河／皇家学院居住桥（竞标获胜方案）。
1998	辛辛那提罗森塔尔（Rosenthal）当代艺术中心（竞标获胜方案）； 伦敦，北伦敦霍洛韦（Holloway）路桥大学（竞标获胜方案）； 当选为德国建筑师协会名誉会员。
1999	LFOne园艺展廊（景观），德国魏尔（Weil am Rhein）； MAXXI，21世纪国家艺术博物馆，罗马（竞标获胜方案，2009年建成）； 因斯布鲁克（Innsbruck）的伯吉瑟尔（Bergisel）滑雪跳台（竞标获胜方案，2002年建成）； 伦敦千禧穹顶的心念区； 斯特拉斯堡霍恩海姆北部联运终点站（竞标获胜方案，2001年建成）； 比利时沙勒罗瓦舞蹈团（Charleroi Danses）芭蕾舞剧《大都会》舞台设计（Set design）； Pet Shop Boys乐队世界巡回演唱会舞台设计。
2000	德国沃尔夫斯堡菲诺（Phaeno）科学中心（竞标获胜方案，2005年建成）； 萨莱诺轮渡终点站设计（竞标获胜方案，在建）； 被授予美国艺术与文学院院士，被授予美国建筑师协会会员资格； 心念区（The Mind Zone）获得RIBA皇家建筑协会奖； 参加了威尼斯建筑双年展；

为萨瓦亚和莫罗尼设计公司（Sawaya & Moroni）设计了Z-scape。

2001 哥本哈根奥德罗普格（Ordrupgaard）博物馆扩建（竞标获胜方案，2005年建成）；

巴塞罗那艺术宫设计（竞标获胜方案）；

新加坡One-North总体规划（竞标获胜方案，在建）。

2002 莱比锡（Leipzig）宝马园区中心建筑（竞标获胜方案，2005年建成）；

俄克拉荷马州巴特尔斯维尔的普莱斯大楼艺术中心；

被授予大英帝国骑士勋章，CBE；

罗马的21世纪艺术国家博物馆开展题为"扎哈·哈迪德——作品与设计"的展览；

在耶鲁大学开设"扎哈·哈迪德工作室"；

以华盛顿国家建筑博物馆和普莱斯大楼艺术中心参加了威尼斯双年展。

2003 蒙彼利埃（Montpellier）文化运动大厦（竞标获胜方案）；

那不勒斯—阿夫拉戈拉（Napoli-Afragola）高铁车站；

中国广州大剧院（竞标获胜方案）；

北京SOHO规划（竞标获胜方案）；

马德里普尔塔美洲（Puerta America）酒店（竞标获胜方案）；

凭借斯特拉斯堡车站获得密斯·凡·德·罗奖；

Alessi茶具、咖啡具。

2004 享有盛誉的普利兹克建筑奖和蓝图的获得者；

年度最佳建筑师，WIRED Rave奖和RIBA Worldwide奖；

米兰Fiera区塔楼与居住建筑综合体（竞标获胜方案，在建）；

西班牙杜兰戈（Durango）新Euskotren中心总部与城市规划（竞标获胜方案，在建）；

法国媒体图书馆，波城比利牛斯（竞标获胜方案，在建）；

纽约2012奥运村；

柏林电影学院纪念大道"星光大道"（竞标获胜方案，在建）；

格拉斯哥运动博物馆（竞标获胜方案，在建）；

马赛（Marseilles）的CMA CGM总部（竞标获胜方案，在建）；

莫斯科如画塔；

因斯布鲁克北站（在建）；

参加19届威尼斯建筑双年展，伦敦的萨默塞特（Somerset）之家被冠名为"扎哈·哈迪德画作"。

2005 巴塞尔的新城赌场（竞标获胜方案）；

伦敦建筑基金会（竞标获胜方案）；

伦敦水上中心（竞标获胜方案，在建）；

塞浦路斯尼科西亚（Nicosia）自由广场改造项目（竞赛获胜方案）；

中国南京纪念墙（竞赛获胜方案）；

西班牙萨拉戈萨桥亭（竞赛获胜方案）；

毕尔巴鄂市奥拉贝佳总体规划（在建）；

巴黎卢佛尔宫伊斯兰艺术部；

萨瓦亚和莫罗尼设计公司（Sawaya & Moroni）出品的"涡旋"枝形吊灯；

Z型车（设计原型）；

被聘为纽约哥伦比亚大学荣誉会员和伦敦皇家艺术学院会员。

2006　纽约古根海姆博物馆举办扎哈·哈迪德作品回顾展；

卡利亚里（Cagliari）市的当代艺术博物馆（竞赛获胜方案）；

莱比锡的BMW展室（德国）。

2007　伦敦设计博物馆举办题为"扎哈·哈迪德：建筑与设计"的展览；

伦敦泰德美术馆（Tate Modern）举办题为"全球城市"的展览；

奥地利因斯布鲁克市的北园车站（建成）；

伦敦"杰出贡献"设计奖。

2008　纽约星期六美术馆举办展览；

香港香奈儿店面设计；

萨拉戈萨桥亭设计（建成）；

凭借"BMW中心建筑"获得代达罗斯·米诺斯国际大奖；

凭借"北园缆车站"获得皇家建筑师学会欧洲大奖。

2009　为米兰的阿特米德公司设计吉耐西灯具（已完成）；

曼彻斯特的巴赫音乐厅（建成）；

芝加哥伯恩汉姆亭（建成）。

2010　在巴林的谢赫·易卜拉欣·本·穆罕默德·哈利法文化研究中心举办题为"流动&设计"
的展览；

在帕多瓦的理性宫举办题为"扎哈·哈迪德的事业与设计"的展览。

建成项目

维特拉消防站，德国莱茵河的魏尔

LFOne 园艺展廊，德国魏尔（Weil am Ehein）

翁恩海姆北部联运终点站及停车场，法国斯特拉斯堡

伯吉瑟尔滑雪跳台，奥地利因斯布鲁克

罗森塔尔当代艺术中心，美国俄亥俄州辛辛那提

宝马工厂中央大楼，德国莱比锡

菲诺科学中心，德国沃尔夫斯堡

普尔塔美洲酒店，西班牙马德里

斯皮特劳高架桥多功能综合体，奥地利维也纳

奥德罗普格园林博物馆扩建，丹麦哥本哈根

MAXXI------21世纪国家艺术博物馆，意大利罗马

维特拉消防站

1993年落成的坐落在工业区的维特拉家具厂的消防站是扎哈·哈迪德最初建成的建筑之一，现在作为展览空间使用。建筑最初的观念是引入一个楔形的动力与街道形成交叉以组织该区域。这个新的、狭长的体量，延续了毗邻农田的线性格局，成了厂区最远点的标志。

建筑的正立面给人很封闭的感觉，而从其他角度观看则给人很多惊喜。建筑室内由一系列倾斜、断裂、分散的墙体组成，形成了一个动态和不稳定的空间。而严格的功能要求是建筑的根本要求：消防站以红色消防车、指挥车和消防员的进出作为标志。扎哈·哈迪德说：

"整个建筑是运动瞬间的凝固，它体现了保持警醒、随时待命的姿态。"整个建筑采用了现浇钢筋混凝土建造，这种建设方法在后期的项目中一直被采用，最终成了建筑师风格的显著标志。

对建筑概念高品质的表达和避免对菱形体量的干扰，形成了建筑对细部的忽略和对转角与边缘高精度的重视。这种高精度体现在无框玻璃、车库上的大斜平台、室内空间，甚至采光设计之上。光线吸引了人们的视线，即便是人们快速地从建筑前经过。

LFOne 园艺展廊

德国魏尔（Weil am Ehein），1999年

作为1999年景观花园节的一部分，这个作为展览空间和环境研究中心的小建筑没有采用紧凑的体量，而似乎是融合在公园的环境中。

通常意义上的建筑意味着空间、分割与封闭，而这个建筑则向周边开放，欢迎人们来阅读与诠释。一个缓坡为参观者提供意想不到的有利位置，以及各种进入建筑室内的可能。参观者将依据位置和感觉来判断，如何开始与结束参观的旅程。建筑侧面与上部的两个入口，为沿着建筑流动形体内部的道路行走的参观者提供步移景异的观感。

这些道路通过开放与弹性的方式交叉，沿着三条路径以无明显差异的方式构成建筑空间：主要体量是展示空间与咖啡厅，该部分采用自然采光，有着良好的室外景观。环境研究中心采用半地下布置以利于隔热和减少能源消耗。建筑主体采用浅色、光滑未饰面的预应力混凝土和大面积玻璃表面，似乎自然地融入景观之中并展现了先天原则。扎哈·哈迪德证实了她在建筑和自然二者关系中的兴趣，而这一关系又与她对人造环境中的潜在能源的研究密不可分——就像这个项目是由光和风通量纵横交错形成的。

上图：夜景效果

下图：与室外的连接

左图：悬挑的室外屋顶

　　　　右图：模型

对页：鸟瞰图

霍恩海姆北部联运终点站及停车场

法国斯特拉斯堡，1999-2001年

为鼓励人们将汽车停在城区外的停车场而乘轻轨到市中心，斯特拉斯堡市决定重建整个轨道系统。为使策划更加完善，拟建项目包括大量包含公共和商业服务性质的城市设施。其中就包括由扎哈·哈迪德设计的公交站的北端总站及其附属停车区域。这个项目在以运输和流通为主题的基础上，创造了一个全新的城市景观。激发这个项目最终灵感的是重叠"域"和"线"在空间中编织在一起，从而形成一个包含汽车、轻轨、自行车和行人连续活动的整体运动。使用不同交通方式（汽车—火车—轻轨）的人们的连续通行，在一系列的视觉景象中得以反映，车站和不同城市场景构成这种运动的背景而被感知。运动的轨迹决定了如何获得空间以及干预方式的建筑学定义。

建成项目　　　鸟瞰图

终点站的基本功能包括售票处、公共设施、商店、自行车寄存处，以及一个分为两部分、最多可停700辆车的大型停车区。沥青路面上的白线随着场地边缘曲曲折折地勾画出每个停车位。这些白线与嵌入地面的发光标志和灯柱系统构成了一个磁场。灯柱采用同一高度，随着地面的起伏高高低低、随坡就势。夜晚，它们点缀着这片区域并呈现一片鼓舞人心的景象。一面单墙围合了车站，而悬挑的屋顶界定了等候空间和服务区域，没有采用封闭的方式。以屋顶的条形灯和其他固定装置为特点的空间相互关联，室内与室外空间没有明显的边界。所有可见障碍都被除去。该项目是建筑师城市尺度的公共空间的实验结果：动态流的线条在相互张力的作用下，使城市区域成为一个不可分割的统一体："一个同步限定空间的域。"

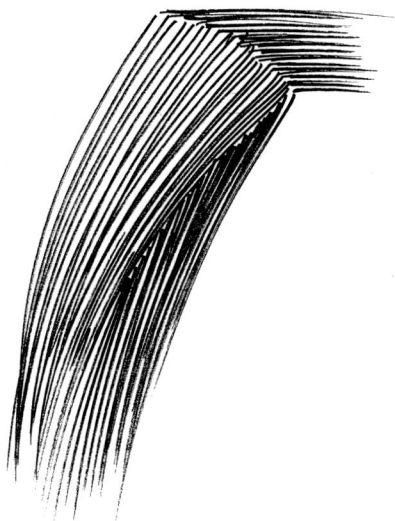

研究草图

建成项目

上图：停车区的光照图

下图：整体区域的透视，画作

悬挑屋顶用作等候区域和服务空间

伯吉瑟尔滑雪跳台

奥地利因斯布鲁克，1999-2002年

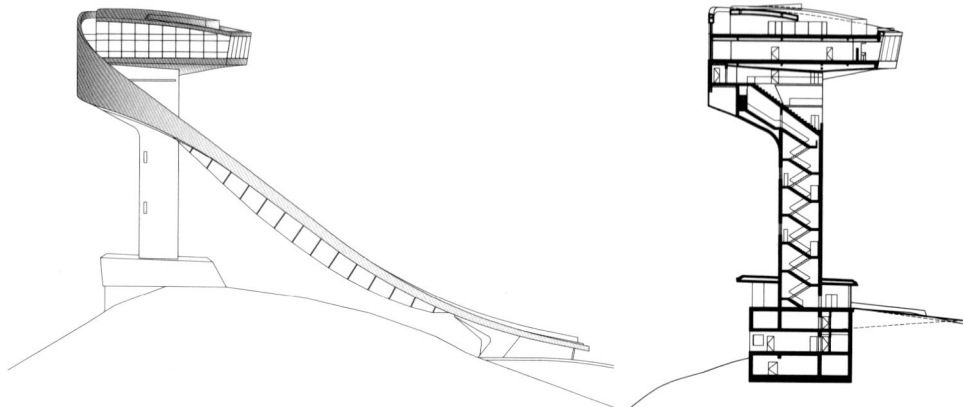

滑雪跳台是环绕整个因斯布鲁克（Innsbruck）的山景之中的一个主要的地标，坐落于伯吉瑟尔（Bergisel）山顶峰并可俯瞰因斯布鲁克市区。这个项目是更大的奥林匹克区域更新计划的一部分，也是更新不再符合国际标准的设施国际竞赛的成果。新的建筑物是各种设施的综合体：从高度专业化和技术领先的体育设施到公共和娱乐空间，包括了一个咖啡吧和一个能使游客观看运动员贴着因斯布鲁克天际线飞过的壮观的观景平台。站在建筑学的角度看，这个既是塔又是桥的有机综合体形成了一个新的、独特的造型，而且它的动势似

乎延伸并展现了山体倾斜融入天空的地势。超越了单纯的功能需求，该建筑物更是一个景观象征，一个有着简洁、材质轮廓特征的激昂地标，在阿尔卑斯山脉景观之中突显而出。

大约50米高的水泥塔支撑着滑雪跳台的主体，内部容纳两部电梯，钢结构塑造的空间包括跳台和咖啡吧。

项目似乎发展了建筑师先前对更复杂的空间尺度的研究，用一个轮廓鲜明的雕塑体积与环境中的流畅线条相连接。

群山背景中的滑雪跳台轮廓

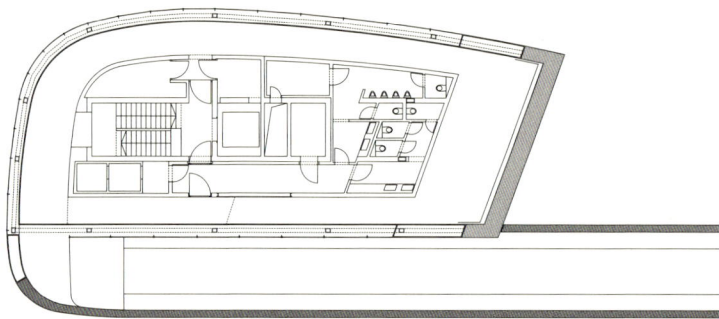

上图：空中的景色

下图：标高43米的平面

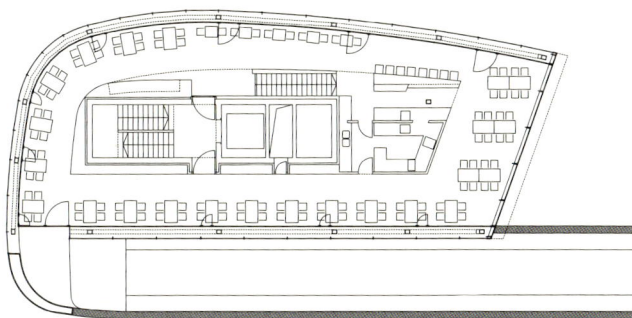

上图：全景平台的景色

下图：标高39米的平面

罗森塔尔当代艺术中心

美国俄亥俄州辛辛那提，1998-2003年

罗森塔尔现代艺术中心是一个致力于临时展览、装置艺术、演出以及其他活动的机构。该中心未被永久收藏品所限制，而采用一个可变的场地，开放并接纳来自世界各地的各种创意的艺术家。坐落于辛辛那提城市中心的该项目的主导思想仍来源于建筑内部和外部的整合与渗透：建筑首层像"城市地毯"一样穿过玻璃中庭，引导参观人流涌向这个垂直延展的博物馆建筑。穿透到建筑的各个部分的灯光激发着路人的好奇心，使其想要进入内部一探究竟。美术馆内部的景象充满意外：一个蜿蜒曲折的坡道系统连接了不同的空间，并且使得参观者在行进中形成空间互视，和艺术互动。这样建筑即成为艺术观赏经验的集合。

街角的基地条件产生了两个互补的建筑立面：玻璃、金属和水泥组成的水平体块一个个向上咬合堆砌，该立面展示了紧凑且差别化的内部空间结构以及垂直延展的展览空间。"我们试图创造尽可能多的聚集在一起的空间来容纳各类型并且支持同一时间的两到三场展览……没有假定建筑物的灵活性于平淡之上，该建筑提供了各种条件以便进行各具特色的形式选择。这为参观者营造出更多的代入感。我相信建筑可以作为鼓动和影响产生过程的催化剂，对于视觉与艺术也是如此。我希望这个空间能够刺激一个新感知的可能性。"该建筑体现了扎哈·哈迪德对建筑作为现代艺术与公共城市空间的中介角色的态度。

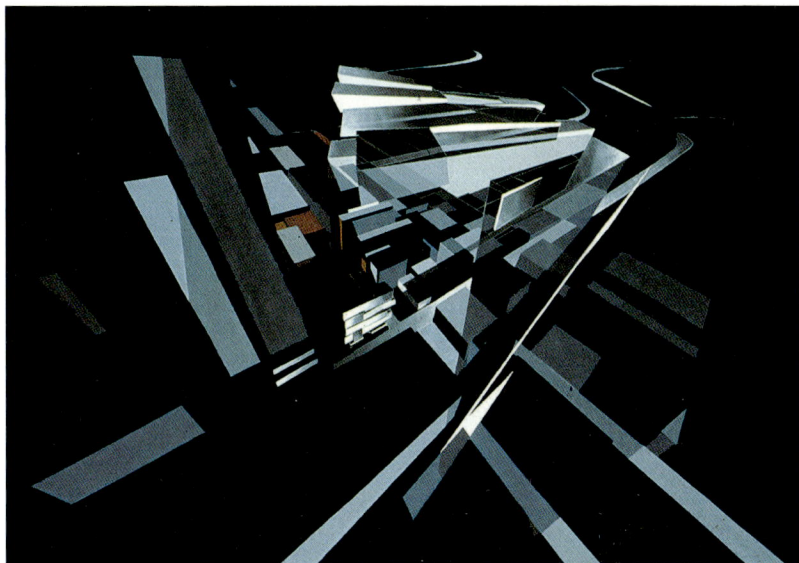

上图：画作

下图：嵌入城市文脉背景的建筑

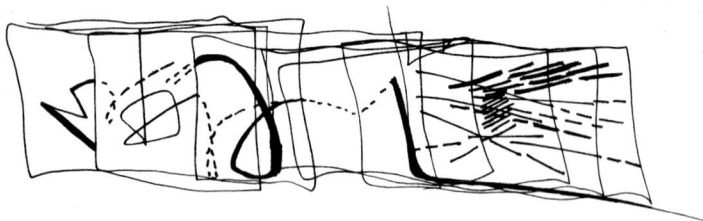

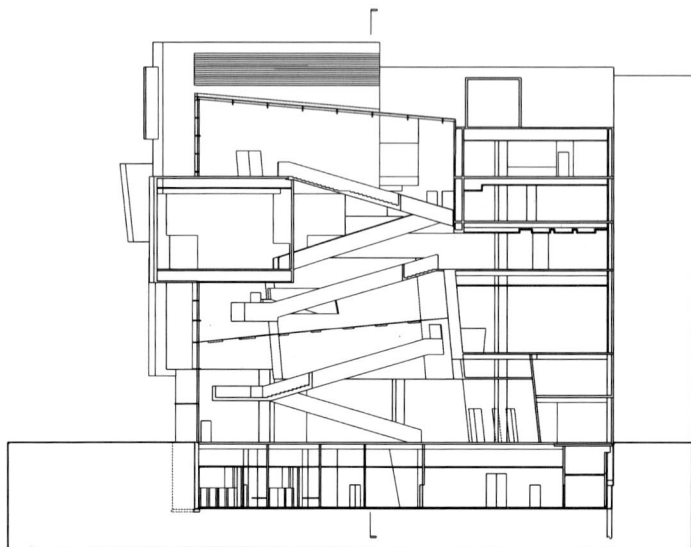

上图：研究草图

下图：中央空间的剖面

宝马工厂中央大楼

德国莱比锡，2002-2005年

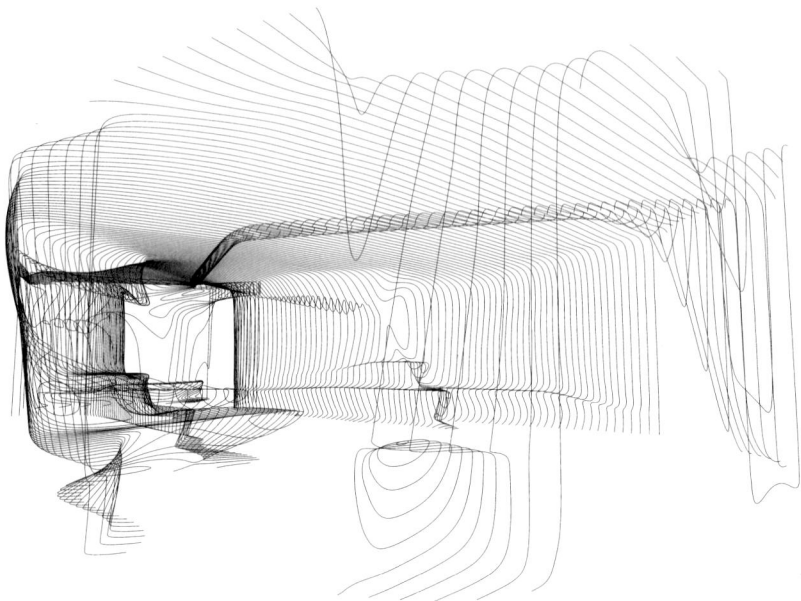

建筑物延续了整个BMW工业区入口和控制中心，无论工人抑或产品的活动流线和运行轨道都汇集于此。这个动态的焦点在建筑处理下清晰可见，这同时满足了企业的美学和功能需求。扎哈·哈迪德解释说："这个建筑的出发点是专注于所有沟通渠道，就好像引力场直接从建筑中心产生一样。"轻质而透明的结构连接生产线的三个主要区域（车身、漆饰、装配）和不同的管理区。宽敞、明净透亮的大厅提供了多样的室内景象，其空间组织创造了一系列的、从一个可见视点看来没有分隔的工作区，但在流动、动态的域内有着清晰的可识别度。虽然发展明确的前后序列是为了区分公共活动以及较内向和安静的功能，但空间的灵活性避免了分隔不同身份人群，而将不同功能整合在一个主体内，通过提升透明性的手法，以便增强体力劳动者与白领员工之间的互动。

建成项目　　　　研究草图

办公楼坐落在生产循环的中心位置：在装配阶段，汽车沿生产线移动到员工的办公桌前。该建筑所有技术和管理的功能沿员工从工业区或用餐区域出入的路线布置。停车区也被整合为项目的一个部分：在建筑物前设置一个大型停车场的问题被转化为一个创造其独有的动态展现景观塑造的机会。汽车生产线和安装车身的忙碌厂房，也因整个场地的移动、色彩和闪光而被突出。

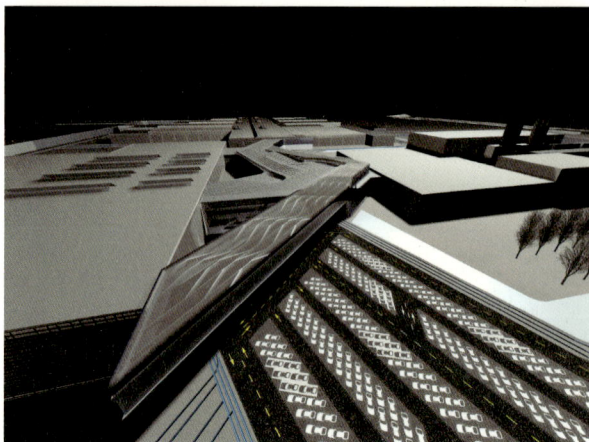

上图：室内空间效果图

下图：渲染图

朝向停车场的建筑立面效果

菲诺科学中心

德国沃尔夫斯堡，2000-2005年

作为最新的并且是德国的第一座该类型科学中心，菲诺（Phaeno）科学中心是一个神秘的建筑，一个从德国城市中心拔地而起的巨型结构，激起人们的好奇心和兴趣。该建筑坐落在城市中一个特别重要的位置，位于新大众汽车城和历史中心的连线上。该建筑建立在结构体量的不寻常逻辑之上：一个支撑在纪念碑一般的圆锥构件上的巨大的水平主体。8米高的圆锥体从建筑下方的宽阔广场向上升起，穿过建筑本体达屋顶结构，使得主体产生了悬浮的效果。受到了城市周边地区轴线的启发，倒置漏斗装的圆锥体创造了没有柱子的空间。这些圆锥体本身也提供了诸如入口、礼堂、实验室和服务设施等多种功能，有着巨大平台的博物馆专门留作展览之用。带有未来色彩的舷窗为特点的上部体量采用不规则且复杂的形体，对应平滑的室内空间，楼层和空间上并无明显界限。同时，在墙与墙之间、空隙间、凹空间和透视变化之间总有意想不到的开敞。陨坑状的景观体现了新奇和连贯性：这是一个功能十分灵活的复杂环境；灯光在此处扮演了重要角色，光与影的区域交替引领参观者在建筑中穿行，为焦点注入活力，并为参观者提供惊叹和探索发现的时刻。

整个建筑物共使用了27000平方米的水泥和超过3500根钢梁，它反映了扎哈·哈迪德的研究从动感的线条向动态体块的转换。

建成项目

上图：体量效果与其下的公共空间

下图：渲染图

上图：室内空间效果

下图：研究草图

建成项目

一个圆锥体量中的连接楼梯

普尔塔美洲酒店

西班牙马德里，2003-2005年

普尔塔美洲（Puerto America）酒店的设计是19位不同的建筑师合作的成果，每一位建筑师都有着自己的立场和设计理念，他们尝试提交了接待主题的初始与创新方案。每一位建筑师都需要提交详细的卧室和相邻走廊的个人想法，以及空间分布和电梯对面的入口区的方案。扎哈·哈迪德为一层设计了一个引人入胜的曲线型序列和感性的曲线。入口区和走廊处被不断变换颜色的大型"涡旋"枝形吊灯照亮，形成了一个很有造型感而出人意料的氛围。卧室内部的建筑风格打破了传统，形成了一个不再固化，而是更加流动的场所：受有机体启发的单一曲线，塑造了墙体、地面和热塑材料制成的家具。房间的墙体、带有LED显示的房门、浴室洁具套装、床、架子、座椅和窗边悬浮的桌子都被塑造得很相似：它们有着连续的表皮，以及通过不同颜色卤素灯照射的单色雕塑（全白或全黑）被巧妙地伪装。所有的这些似乎都从墙体中凸显而出，给人一种这些物体随时会隐藏回去的感觉。

充满和明快的感觉交织在一起，与单色的使用营造出一种暗示的空间，使客人能够切实地融入其中。方案的品质与新材质的使用密切结合，加强了制造的能力。实验只有在这个时刻，数字设计的新发展为复杂而无缝的表面创作提供了机会。扎哈·哈迪德抓住了探索新的建筑行业潜在的语言的机会，预示出革新的、大胆的以及与众不同的室内空间。

对页上图：效果图
对页下图：一个整体为白色的客房

上图：带有Vortexx吊灯的入口

　　　　下图：带有LED字幕显示的走廊　　　　　　　　　　　　　　　　　　对页：一个整体为黑色的客房

斯皮特劳高架桥多功能综合体

奥地利维也纳，1994-2005年

项目符合维也纳市政府重建维也纳新区的决定，涉及层叠大量基础设施为特征的斯皮特劳—兰德地块，和最忙碌的轨道交通线之一的多瑙河运河——沿运河有一条连接德国和匈牙利的自行车道。该运河见证了维也纳铁路系统发展的三个阶段，从奥托·瓦格纳（Otto Wagner）设计的高架桥到第一个地下铁路，再到如今的地铁线路。根据城市规划的要求，项目的目标是成为促进多瑙河运河沿岸其他干预项目的催化剂。

扎哈·哈迪德设计的多功能综合体由三个部分组成，包括办公室、公寓和艺术家工作室。覆

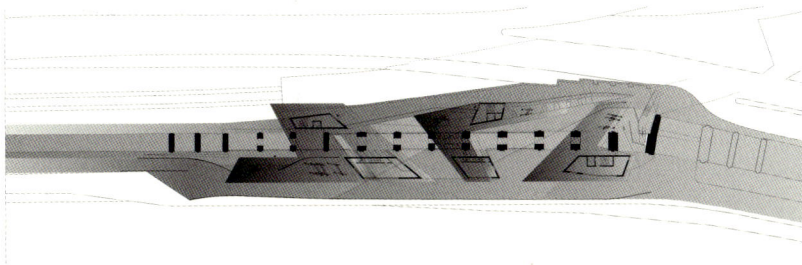

盖了公共空间和通道，创造了新城市结构的办公楼的建筑形式，带动了奥托·瓦格纳设计的高架桥周边区域并形成了内外空间的多样性。通过这种方式，新建筑的各个体量可以自由地与高架桥进行交流——穿过它，环绕它，跨越它，来为公共生活营造一个生动活泼的平台。

通过与室外的公共区域、餐厅和其他设施重新连接，这个项目成了城市区域重建的催化剂，并且为进一步的建筑干预创造了条件。在将来，斯皮特劳高架桥多功能综合体将通过人行道和自行车道连接商学院和火车北站。

上图：剖面图
下图：渲染图

左页：与现存建筑的通存效果

综合体大楼尖角与拱券输水渠的对话

奥德罗普格博物馆扩建

丹麦哥本哈根，2001-2005年

为了给逐渐增多的收藏品提供空间，奥德罗普格（Ordrupgaard）博物馆扩建项目经过对七位享誉世界的建筑师进行考察后，扎哈·哈迪德收到了项目委托。建筑面积扩大了一倍，超过1100平方米的建筑面积可以提供一个大型展厅、多个专题活动室、餐厅、门厅、咖啡厅和多功能厅所用。

该博物馆扩建并不意味着重复主体的建筑语言，也不是预设地采用消极的态度或一种敬畏；相反的，其创造了一段与已有建筑的完全而独特的对话。动物般的、曲线形的建筑形体，几乎被公园草木伪装起来，该建筑看上去像一只蜷缩在草中环顾四周的动物。

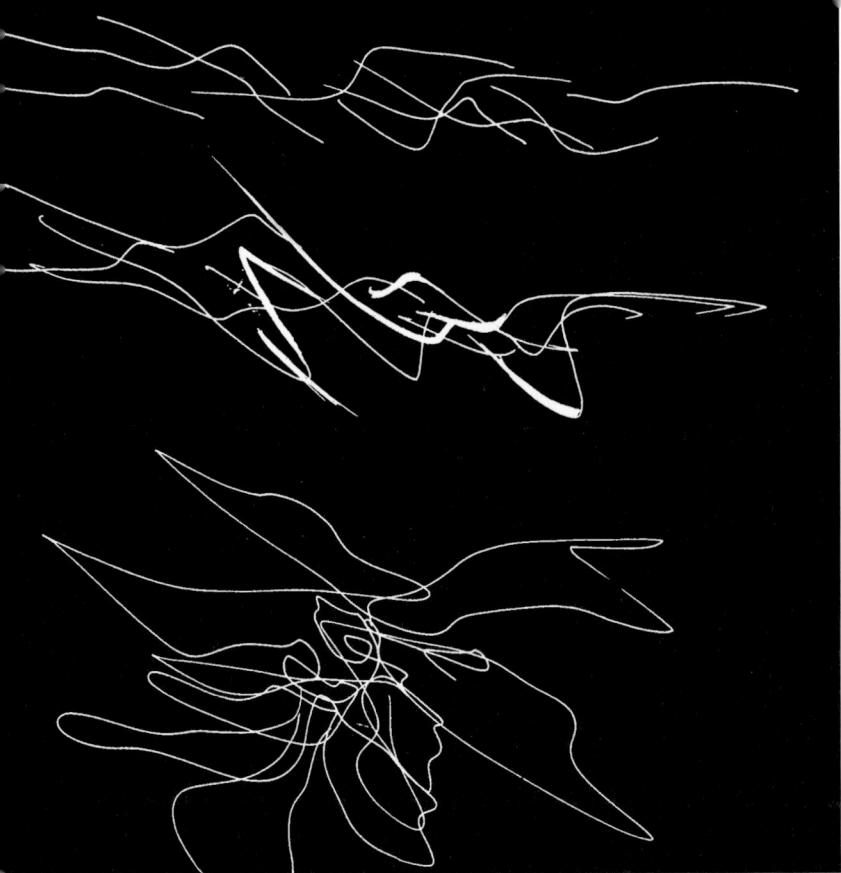

　　建筑弯曲的轮廓反映出周边的景观；环境环绕着建筑，建筑浑身的曲线融入公园的轨迹，引出环境与建筑曲线间的对话。在曲线的舞蹈中，建筑像一条丝带引领并伴随着参观者的步伐。通过分开新老建筑的庭院可以到达入口。一个长长的坡道将常设展厅和临时展厅的空间分隔，并通往多功能厅和咖啡厅。

　　具有渗透性、透明性和亮度的室内空间，充斥着从窗外和天花板缝隙中照射进来的自然光。展厅由钢筋混凝土的特殊制程塑成，诉说着物理的、材质的和雕塑般的建筑语言。与此同时，玻璃墙减轻了整个体量并向外多重视角的敞开。由二维和三维几何形体的构成推动着这个项目的叙事主题，这位伊拉克建筑师就此确定了她钟爱的流动与新景观设计的主题。

研究草图

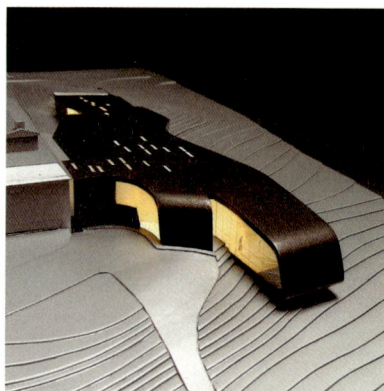

左图：室内外的渗透的效果

　　　　右图：研究模型

大面积的玻璃窗可以纵览花园

MAXXI——21世纪国家艺术博物馆

意大利罗马，1998-2009年

扎哈·哈迪德赢得的项目是由意大利文化与遗产部组织，由当代建筑与艺术指导委员会（DARC）执行的概念竞赛之一，其获胜方案构想了一个巨大的文化中心，配有21世纪艺术博物馆、建筑博物馆、研习空间、图书馆、礼堂、门厅、咖啡厅以及向室外开敞的餐厅、商店、办公室、公共设施和宽阔公共空间。

扎哈·哈迪德解释道："空间中分布的各种功能与城市区域的结构相连接，并且最重要的是，有助于创造出基地内部的城市化。"项目似乎要打开沉睡在周边区域的城市旅程：MAXXI真正成了城市整体中的一个部分而非添加的场地，是一个可以穿越、可以在其中自由活动的场所。

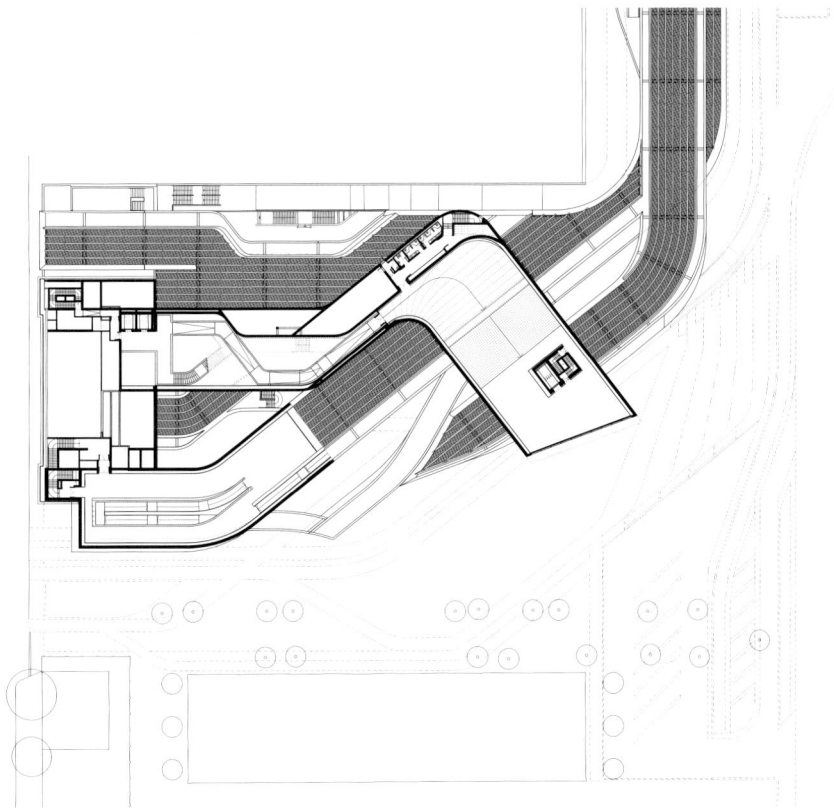

建筑结构从项目概念中获得提示：场地被穿过其空间并界定力场和流动轨迹的墙体如沟壑般划分。交叉的分区界定了空间、室内和室外。整个系统分为三层，其中第二层有较多连接，通过几座桥连接建筑和展厅，以及充满自然光的玻璃屋顶。首层巨大的玻璃表面使参观者可以看到室内无限的场景。人行道顺着博物馆柔和的线条；伴随着裸面水泥墙体平滑的曲线，滑到建筑突出部分的下方。这个创意旨在创造一个具有网状的多样性的空间，而非单一的直线路径，借助蜿蜒穿过博物馆的通道，使得参观者无需折返脚步，便可不断地探索新的旅程。

三层平面图

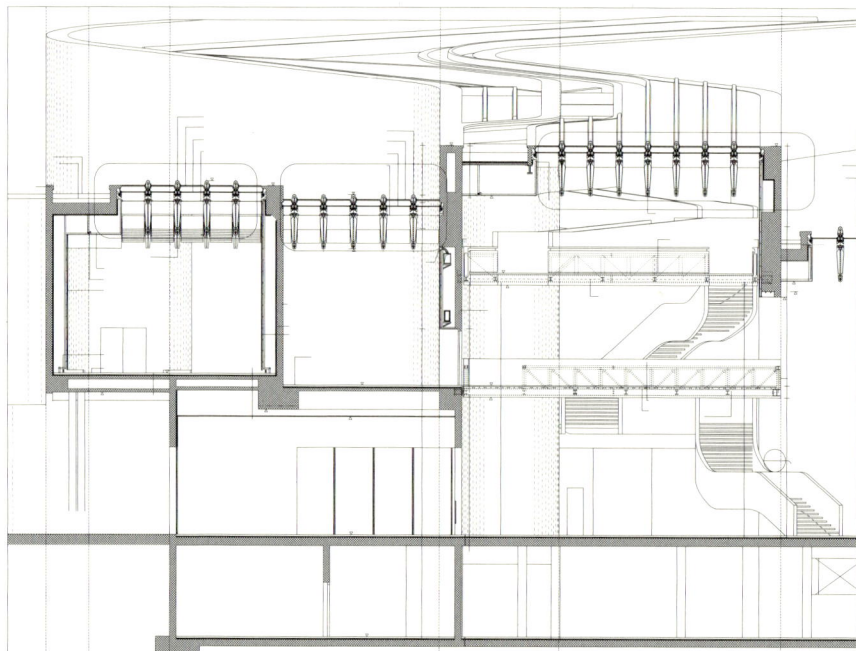

上图：夜景效果图

建成项目

下图：剖面图

上图：中庭效果图

下图：某展览空间效果

设计作品

普莱斯大楼艺术中心，美国俄克拉荷马州巴特尔斯维尔

那不勒斯-----阿夫拉戈拉高速火车站，意大利阿夫拉戈拉

城市生活，意大利米兰

纬壹科技城，新加坡

普莱斯大楼艺术中心

美国俄克拉荷马州巴特尔斯维尔，2001年

扎哈·哈迪德被邀请设计一个位于赖特（Frank Lloyd Wright）的普莱斯大楼艺术中心旁的新的博物馆类设施；新建筑的用途是收藏巴特尔斯维尔（Bartlesville）的艺术中心的艺术、建筑和设计藏品。从建筑学的角度看，项目来源于对城市结构和穿插其中的各种活动（人行、汽车、道路超高等）的研究；设计叠加了朝向大楼的方向的歪曲轴线。新的建筑不会被强行放置于场地中；相反，它从场地的城市网格和生存方式中生长而出，采用空间的水平发展为特点，与伟大的美国建筑师设计的唯一的摩天大楼的明显垂直发展成为对比。这个对比并不容易，扎哈·哈迪德抛开她的抗拒，选择与现有建筑对话，以充满活力而感性的形式来拥抱并强调这一强烈的特征。

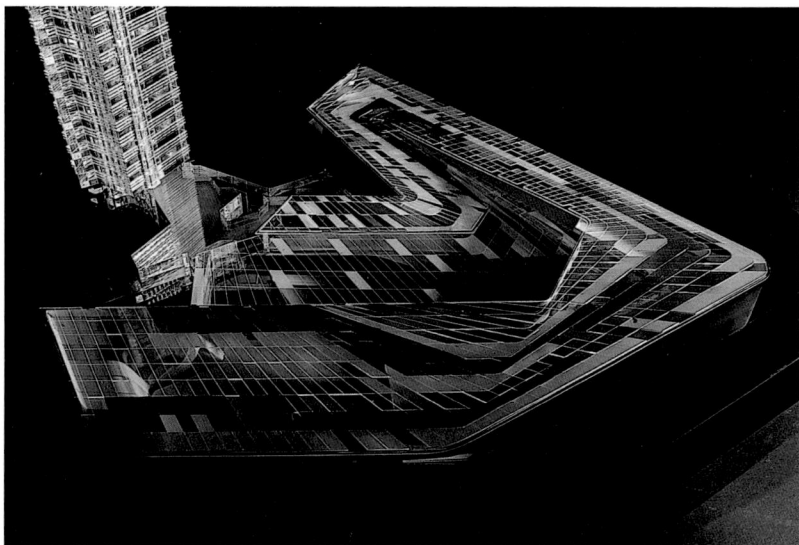

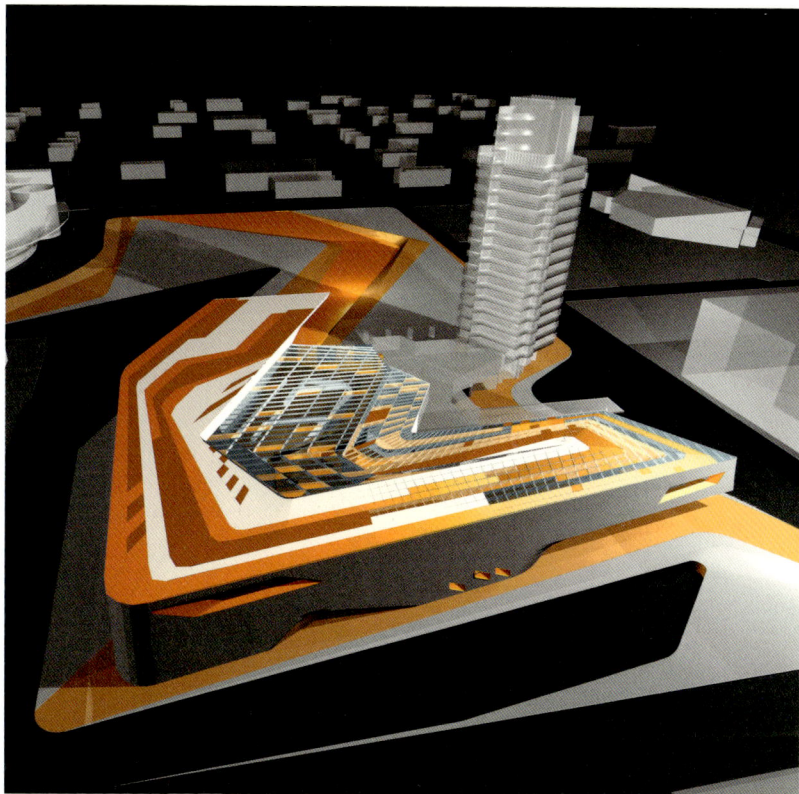

周边环境以及与普莱斯大楼关系的构架渲染图

那不勒斯——阿夫拉戈拉高速火车站

意大利阿夫拉戈拉，2003年

作为意大利国家铁路举办的国际竞赛的获胜方案，项目被选中的原因在于高品质的建筑方案，同时为那不勒斯区加入一个大胆的地标建筑。

火车站被构想为一座宣告通往那不勒斯的桥，同时又是城市铁路系统的一部分。桥的创意源自需要增强立体交通的需求，并提供城市化的公共链接。项目同时确保与周边城镇的连接，来避免铁路系统变成断绝城市的因素：桥使得两条延伸出来的公园场地沿着轨道方向开放地穿越场地，因此，在创造出了圆形通道划定的区域和周围景观直接的视觉联系。

根据当今生态标准设计而成，整个火车站建筑面积为20000平方米；同时可再扩建10000平方米以容纳文化商业活动、邮政和银行设施、餐厅和停车场等功能。根据其风格，扎哈·哈迪德将会利用旅客的轨迹来确定整个项目的空间几何形态。

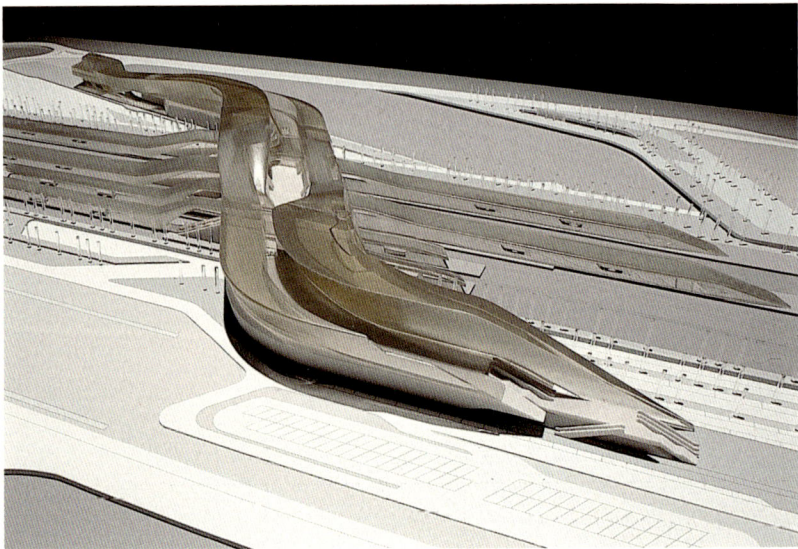

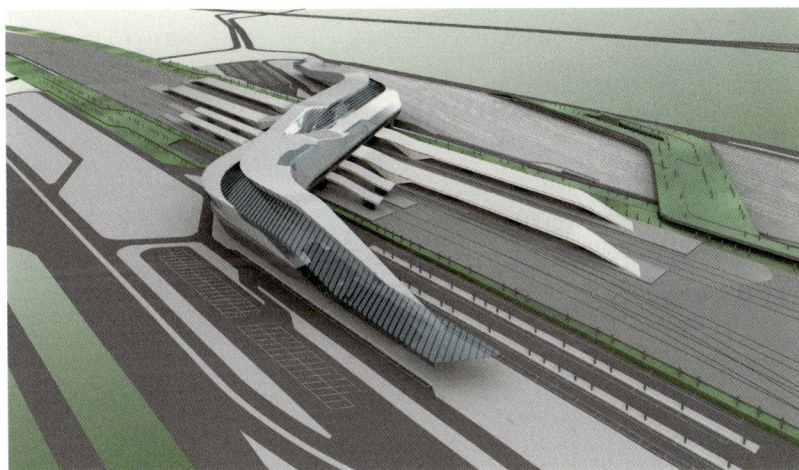

上图：车站室内渲染图

下图：项目与基础建设效果图

城市生活

意大利米兰

重建旧米兰国际展览中心地区的主要项目如今正在进行中。2004年举办的国际竞赛的获奖作品城市生活由建筑师丹尼尔·里博斯金、矶崎新、扎哈·哈迪德和皮埃尔·保罗·马焦拉设计的建筑组成，并会包含一个新的城市中心，一个独立的、由多功能且与城市其余部分完美结合的街区。项目的总体规划包含了255000平方米，一半面积将交给米兰市"中央公园"以容纳设计博物馆。场地的剩余部分将会建设共1300户住宅，以及文化和娱乐设施（坐落于前世界贸易博览会内）和三栋提供5000人办公的摩天大楼。这三座非常高的塔楼形状各不相同，由扎哈·哈迪德设计的钢铁、玻璃制成的摩天大楼，是一个高185米的、螺旋上升的平行六面体。"我认为我们的塔与米兰相接并为城市提供了一个新的轮廓。尊重文脉不是对原有建筑的重复，而是在新的生活条件下勾勒生活空间的新形式。"

上图：扎哈·哈迪德设计塔楼的旋转效果

下图：米兰新市中心的效果，左侧为扎哈·哈迪德设计的塔楼

纬壹科技城

新加坡，2001年

项目的名字来自这个场地正好在赤道北一纬度的位置。作为新加坡的一个小卫星城，扎哈·哈迪德第一个地域规模的项目，纬壹科技城总体规划涵盖了194公顷的广阔区域，并推测将用二十年时间建成。

受到哈迪德最初期的建筑学研究中，对弹性空间原则试验的启发，项目的目标是通过挖掘结构的流动性和起伏形成的强烈的视觉连续性，探索人造景观的概念。这个不可思议的复杂结构体和造型强烈的建筑，似乎在其场地内融化而后重新塑形，在中国城内将被创造成科研中心。科学城将容纳各种高技术和科技活动，建设带有办公室、住宅、运动设施、购物中心、屋顶花园的摩天大楼和知识与观点交流的公共空间。

建筑的第一个阶段设想了建设名为生态城的生物医学发展中心，在这里最重要的相关公司将可以与公共科学机构和新加坡国立大学进行合作。

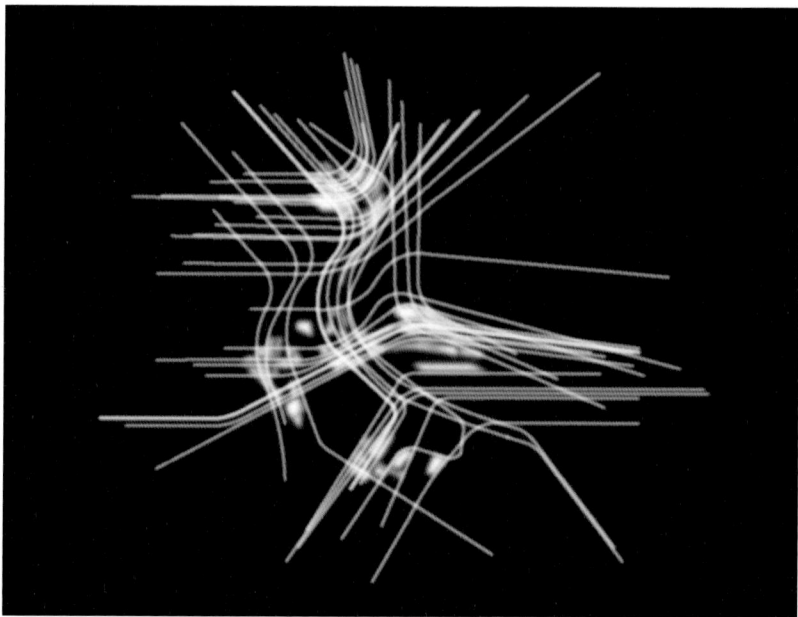

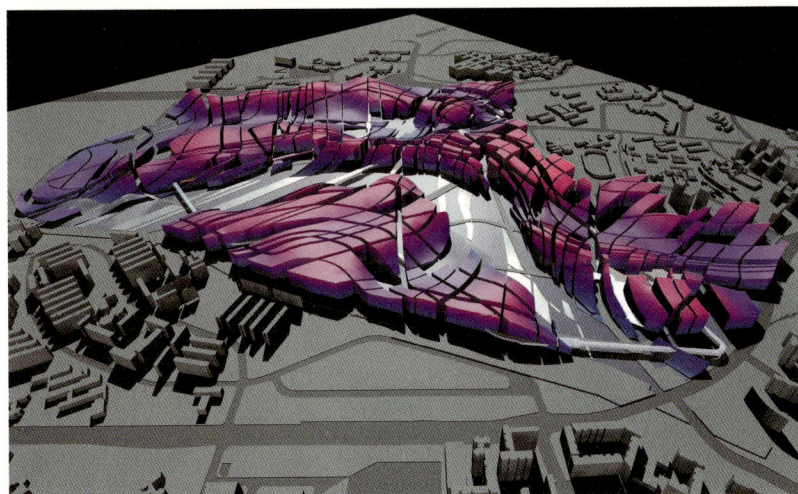

上图：街区之间的城市空间

下图：场地鸟瞰渲染图

建筑思想

"建筑应该带给人们愉悦"

我的家庭视教育为一张通往更好世界的通行证，但我并不确定自己真正想做什么。我只是在伦敦建筑联盟学院学习的第四年发现了建筑令我感到兴奋而刺激。

这真的只是对工作的热情。我曾是雷姆（库哈斯）的学生，我们的工作室单元非常与众不同且新颖。这个工作室想要打开一扇通往尚未实现的世界的门。雷姆和埃利亚·曾格利斯用一种新的方式来看待城市。我刚进入建筑联盟学院的时候，那里非常深奥而且主要与社会工程有关。设计并不是个热门专业，甚至是个不好的词汇。

……那段时间有一种反建筑的氛围。后现代主义、历史主义和理性主义的兴起扮演着20世纪早期的现代主义观念的解药。因此令人十分耳目一新的是找到一些先行者们的不同声音，例如欧洲革命前兴起的俄罗斯先锋艺术。当你还是一个学生时，你以为你发现了新大陆，非常令人兴奋。

……需要说明的是，我不是一个画家。我会画画，但我不是一个画家。在建筑联盟学院学习的第四年时，我清醒地意识到我不能通过一般的方法来表达或探索我想要做的。只做一个平面图、剖面图和立面图对我而言是不够的。我要继续制作模型，但是精致的绘画，尤其是带有变形和透视信息方面的图，很能说明作品。

……我从来都不喜欢"妥协"这个词——它总是意味着你正在弱化项目。我们要结合设计对象进行各种尝试。我们曾经在荷兰做一个住宅项目，当时使用图形技术来说明我们的创意。我们有十种选择，同时有十位建筑师，而我用了分配给十位建筑师的地块针对同一项目展示十种方案。建筑师们很不高兴，因为他们觉得我在抢夺他们的项目。但是我们所做的是提供尽量多的选择，使最后的调整变得简单。很早我们就使用了我们所说的"不完整的创作"。创作会被作为一个整体或一部分来完成，或者在不损失一些东西的情况下被调整；而不是一个封闭的、限定的成果。当你不得不做一些结构上的改变，或客户不赞同你，抑或你的资金有限的时候，做出让步时总是不容易的。你必须很快地调整建筑方案而不丢掉中心思想。但就像我说过的，我在办公室有很棒的人可以做这件事。

建筑应该带给人们愉悦。当人们进入一个建筑空间的时候，他们应该感受到一种和谐，仿佛置身于自然景观之中，超越了建筑本身的维度或经济价值。这是我对奢华的个人观点所在。这是无关于价格的，而是与建筑能够传递的情感相关。想象一下科帕卡瓦纳的海滩：那是一个无与伦比的地方，沙滩是极好的，而任何人都能免费去那里。给每一个人大尺度的奢华：这才是建筑的目的。

摘抄来自以下资源：

《建筑与博物馆》，Alice Rawsthorn采访扎哈·哈迪德在Frieze艺术节期间的访谈，2005年10月21日，节选自《Frieze计划：艺术家的责任和谈话2003-2005》，

**与玛格丽塔·古乔内（Margherita Guccione）的对话，罗马，2003年3月。

***Patrick Schumacher，"摩天轮的复兴：异化、界面与漫游"，G. Celant，M. Ramirez-Montagut编辑的《扎哈·哈迪德》，（2006年6月3日~10月25日纽约古根海姆博物馆的展览），古根海姆博物馆出版社，2006年，93~94页。

罗森塔尔（Rosenthal）当代艺术中心，辛辛那提

上图左：纽约2012奥运村，效果图

上图右：米兰博览会城市生活塔楼与住宅综合体大楼，模型

下图：LFOne园艺展廊，研究设计

超越现代性

我深信，如果将对至上主义的追求应用在建筑上能够提供很多有趣的创意。尤其是马列维奇的作品，对我建筑设计的革新起到主要作用。了解怎样掌控一个设计，怎样真正地进入并在其中行走，对一名建筑师而言是非常重要的。毋庸置疑，从我开始工作起，我这些年对项目的设计都是受到了碎片、可计算的混乱和由至上主义想象的空间的新形式的影响。我从其中学到了怎样将自己从万有引力定律中释放出来，不是从严格意义上讲，而是根据法式和规范等建筑理念之外的试验可能性。另一方面，马列维奇和至上主义给我上的这一课对现代建筑的发展是很重要的。

轻质和向上耸立的倾向使密斯·凡·德·罗创造芝加哥和纽约的摩天大楼成为可能，然而却离不开这些伟大的俄国艺术家的构想。

现代主义运动大大影响了我的建筑。基于现代主义的概念，每次达到一个特定目标，你稍停一下再次启程，这一概念在今天仍是十分重要的。

博物馆，城市的一个象征

博物馆的故事改变了许多。它不再是像一个宫殿里顺序连接许多的房间。它成了一个你可以通过展厅、采光和流线等概念，通过公众的概念以及同时展示给多人次的概念体验灵感的地方。有人说博物馆如果能吸引很多人就变成了购物中心，我认为这也是积极的。文化和公共生活之间的联系是批判的，20世纪和19世纪真正的区别是，使用者不再仅仅是一个资助人。受众是大量的，是很多人。所以这是一件令人非常激动的事。

超越摩天大楼的城市

扎哈·哈迪德建筑事务所正进入一个扩张的新阶段，承担更大的项目并投身于对塔楼的设计。该事务所的确实影响尚未可知。

　　……正在绘图板上的似乎显示这一冲突不是一场松散的战争，而是迄今为止超稳定类型变化的开始。扎哈·哈迪德为建筑界注入了新水平的动态感。她的工作是爆炸的、流动的和无限的。在其建立一个连续的、鲜活的接地平面时，有力地质疑了城市堡垒的需求。爆炸的碎片构成的体量飘过这片不安的土地，看上去有种摆脱地心引力的感觉。

　　其丰富空间的背后是在高密度城市文脉中组织多种充满活力的设计的真正需求。这导致了封闭形式的摒弃，并在网络化和分层处理中采用结果开放式的策略。水平方向总是这种新动感基本的扩张方向。香港太平山顶——隐喻地颠倒了香港的塔楼而形成水平的梁架——是第一波工作项目的典范。维特拉消防站、杜塞尔多夫媒体中心和卡迪夫歌剧院是更知名的早期范例。

　　随着这些早期宣言般的项目，扎哈·哈迪德建筑事务所贡献了集体的先锋努力来锻造了一个新的流动的、适应性的建筑语言，呼应了社会和城市复杂性水平的提高。

　　当代都市生活变得史无前例的复杂，各种各样的使用者，有着多重的、共时的需求。密集的差异的和高强度的联系将当代生活与以分隔和重复为特点的现代主义时期区分开来。描述与梳理这种复杂性，并保持其可读性与发展方向是当下的任务。为迎接这个挑战，一个受到（有机和无机的）自然系统启发的新建筑学语言出现了。这个新的语言通过新数字模型工具获得，将设计过程与连续的造型变异结合起来。这种方式给了曲线以线性特权，能够将多重轨迹融合成一个连贯肌理。

　　与当代的社会和建筑流动性对立的是僵硬、独立的摩天大楼形象。曾作为现代主义建筑学象征之一的摩天大楼似乎锁定了逝去的福特主义者（Fordist）的分割成段和系列重复的典范。"塔"的类型学是这个过往年代的最后堡垒，并且持续抗拒任何重要尺度的复杂性。

　　"塔"仍由纯粹的量所决定。其体量通常由纯粹的挤压产生，其内部空间除了相同的楼板倍增再无其他。它们是垂直的走廊，通常在地面被一个小平台切断。所有这些好像是处于经济原因，但同样有正当的理由说明具有新概念和雄心的新建筑语言重塑塔楼建筑类型的原因。

我们远离"塔"的设计很久了。无论何时我们要向上建造，我们偏爱使用平板；其横向延伸的特性使空间操作有更多的余地。

世界贸易中心的悲剧提出了"什么能够代替它"的思考。什么样的组织结构能够满足当代的商业和生活进程，哪种正式的建筑语言最能清晰地表达新的时代？

因为摩天楼的组织结构太简单太压迫，重复建设摩天大楼的时期已经结束。"塔"只能在一个维度中生长。其僵直线性的伸展为其贫乏的连续性负责。"塔"是排列均等的密封单元。这些线性和严格分区的特征与现代商业关系和现代城市生活相对立。对空间秩序和当代社会关系的要求的更高层级的复杂性。然而，福特主义和作为其城市原型的摩天大楼的结束，不意味着大规模或高密度的倒退。尺度和密度都在当代大城市有所增加。

我们为新的"零地塔"（世贸中心倒塌塔的重建）草图设计采用了束塔方案，凭借在场地内找到的不同水平轨迹形成不同管束或纤维束形成束塔。因此我们设思了一个有力的构成装置来连接塔与复杂的地面形态。

为了在城市肌理中设计复杂的摩天楼，综合了差异化、互动和定位的事项议程来描述新的建筑语言。在这个新的基础上，"塔"的建筑学类型将会收到大都会中心社会的新契约；在此，连接（而不是单纯的数量）的渴望决定着城市密度。在将来，甚至比现在显现的还要明显，这个超密度的建筑逐步将成为混合用途，多种生命进程在这里交汇。这些生命进程需要保持错综复杂却有序而可读的状态。不同以往，建筑设计的任务将涉及透明而条理的关系，便于定位和交流。空间差异化、互动和定位被描述为一个明确的议程，它要求一个复杂的、丰富的建筑语言来陈述其所有的形式与背景。

佐尔霍夫（Zollhof）媒体公园，1993年，画作

摄影师及作品

埃莱娜·比内
奥德罗普格（Ordrupgaard）园林博物馆扩建

布鲁诺·克洛姆法尔
斯皮特劳高架桥多功能综合体

玛格丽特·斯皮鲁蒂尼
斯皮特劳高架桥多功能综合体，维也纳

克里斯蒂安·里希特斯
维特拉消防站，莱茵河的魏尔

罗兰·哈尔伯
霍恩海姆北部联运终点站及停车场，斯特拉斯堡

乔瓦尼·基亚拉蒙特
MAXXI——21世纪国家艺术博物馆

理查德·布赖恩特
沃尔夫斯堡菲诺科学中心，沃尔夫斯堡

克莱门斯·奥特迈耶
沃尔夫斯堡菲诺科学中心，沃尔夫斯堡

克里斯托瓦尔·帕尔马
奥德罗普格园林博物馆扩建

维尔纳·胡特马赫尔
莱比锡宝马工厂中心大楼，莱比锡

摄影师及作品

建筑评论

超过 89 度

作者：亚伦·别茨基

扎哈·哈迪德是一位伟大的电影摄影师。她就像一个相机。她通过慢动作、摇摄、俯拍、镜头特写、跳切和记叙的节奏来感知城市。当她描绘周围的世界时，她描绘出了其无意识的空间。她找到了我们现代世界构筑中潜在的事物，并将其编写到乌托邦的脚本里。她大胆探索，放慢又加快每天的生活节奏，将其环境投射到建筑剖析中，并作为一种表现形式。她建立了十分之一秒的曝光。

这并不意味着她不是一名建筑师。扎哈·哈迪德的目标是建造，她的图像是朝向建造进程的过程的一部分。然而，她并不是要在一个空场地内插入一个独立的物体。取而代之的是，她的建筑是集约而转向扩张的。从建筑的设计方案到技术性基础设施，她压缩所有的能量造成建筑的显现。其建筑从这种密度中自由伸出，创造了没有负赘的自由空间。在曾经（潜在的）私人活动空间，墙体与管道，现在是碎片状和水平状的界面切入景观，开启我们不知其存在的空间。

哈迪德用一种类似的方式建造她的建筑事业。她将青年时期对于波斯织毯的记忆折叠，整合进在伦敦建筑联盟所接受的训练。她使用20世纪早期艺术家的形式作为建筑体块，营造自己抽象记忆的宫殿。她汲取城市的能量以及像披风一样围绕她的景观的厚重轮廓，然后用那种力量作为探索未知领域的起点。人们可能会说扎哈·哈迪德是一个现代主义者，设计着绑在技术核心上的阁楼，作为新事物颂扬[1]。哈迪德与类型学、应用程序、暗示性假设或重力都没有往来。她相信我们能够也应该建造一个更好的世界，一个标志着自由高于一切的世界。我们将从过去，从社会习俗的约束，从物理定律中解放出来，从而解放我们的身体。对哈迪德这样的现代主义者而言，建筑总是这样一个世界中片段化的结构。

……然而哈迪德的作品不仅仅是与现代性相关而根植于西方。生于伊拉克，她说起自己青年时期对波斯地毯的迷恋，其复杂的图案超越了认知，通过双手的协调努力将现实融入一个感性的界面，将简单空间变成一个复杂繁盛的世界。值得注意并且巧合的是，这也是女人的工作[2]。

在哈迪德工作的叙事展开中，人们也可以看出与中国和日本的卷轴画的类比。现代主义认为我们通过日常活动的积累建立感觉，从而不断地改变我们的现实，而不是固定事物的一个特定秩序。这是卷轴画家所熟知的一个工作方法。他们在其工作内外穿行，关注小的细节，从不同角度反复展示场景，将孤立的元素穿成景观。共鸣线范围折叠成一个变化而又复原的世界的图景，变幻并返回给观察者。对于20世纪初的艺术家，所有这些传统都是可以使用，而他们的艺术为哈迪德的图画般的建筑体块提供了线索。不论是立体主义、表现主义还是至上主义，抽象的碎片被组成一个叙事结构。这些艺术家引爆了他们的世界——杜尚的《下楼的裸女》就是哈迪德的祖母。

亚伦·别茨基（Aaron Betsky）. 完整的扎哈·哈迪德[M]. 伦敦：泰晤士和哈德逊出版社，1998：6-8.

1. 作为一个工业的、开放的和功能的空间，高楼（LOFT）是完美的现代主义空间。无论是私人的还是公共空间，它使我们从设计与装修的差异中解放出来。这些建筑体块不仅是哈迪德的工作，也是其他像蓝天组建筑事务所一样的晚期现代主义者的工作。我在1998年伦敦建筑评论出版社出版的《蓝天组》专辑中更详细地讨论了阁楼的意义。

2. 1997年12月14日与作者的对话。

开端

作者：路易吉·普雷斯蒂南扎·普利西

1976年，扎哈·哈迪德在其毕业设计中展示了她设计的一座泰晤士河上的桥。仿照佛罗伦萨的老桥，这座桥包含了一个14层的覆罩结构。这个作品是受到了至上主义模型的启发，标题暗示了作品的来源——《马列维奇的建构》，极大而明确地参考该运动，卡西米尔·马列维奇（1878-1935）和其于1910年到1914年间，阐述的纯粹形式及可塑感知理论，通过"建构"一词得以概括。但这是不寻常的建构含义，其注意力从容器上面转移到内容上，从围合的墙转移到空间上。不只是一个完整含义中的形式的语法——正如"建构"一词应该的这样——一个有逻辑的空间组织，结构张力被转化为纯粹的空间数据。建造上的限制获得一个深刻的强度并发展到空间中。哈迪德的原话是这样的："将所有设想到的约束变为空间设计的新可能"。材料的力线转化成能量，而不是降低其作用，简单地作为墙或局部上简单装饰的投影。

如果我们考察"马列维奇的建构"这一项目，根据20世纪70年代早期典型的状况，这个时期历史主义者的影响非常强〔查尔斯·詹克斯的《后现代建筑语言》1977年首次出版〕，可以很清楚地看到扎哈·哈迪德的工作有四条信息。

第一，通过马列维奇，重新发现包豪斯、荷兰新造型主义以及密斯，所有这些风格都来自于抽象艺术。因此，当时以格雷夫斯、罗西、克里尔和斯特林为代表的建筑师拒绝放弃现代主义，并决定将反对古典主义传统作为发展方向。

第二，采用灵活、激烈和动态的几何形体。换句话说，就是回归到一个由点、线、面构成的流动空间。不仅仅要恢复蒙德里安和凡·杜斯伯格的新造型主义经验，还要恢复与马列维奇频繁接触的康丁斯基的更流畅的经验。回归到源头，再一次回归到抽象艺术的起源，新造型主义的严格的几何，以及俄罗斯人强烈的情感的两条思想线，依旧是不可分开的。

第三，宣告对任何语义本质的争议缺少兴趣。20世纪70年代被语言问题所折磨，被恢复建筑意义的尝试所折磨，经常通过符号的价值或按照标志与象征实现传统的系统化。通过重申至上主义审美，哈迪德确认了建筑的目的不是语言而是表达：是对形式价值的寻求，是对一个新的塑形感知的寻求。马列维奇可能会说，至上主义不受任何社会的或材料的倾向禁锢，不受任何渴望传达不严格正规事实的禁锢："艺术家为了倾听纯粹的感觉，应使自己免受观念、概念和表现的干扰。"

第四，宣布任何由艺术法则形成的分隔将会形成非连贯。如果艺术是纯粹塑形感知的话，说到绘画、雕塑和建筑就不再有任何意义了，因为这三个不同的活动都指向一个目的：建造一个现实与比喻间无差别的空间，在此，生活和艺术重合。1923年，马列维奇为普拉尼塔设计了一个项目：未来之屋，预见了严格几何世界的生活。蒙德里安和特奥·凡·杜伊斯博格都受到了其结构以及其建立的原型的深远影响。里特维德受到其巨大的影响，其作品中很难看到绘画、家具和建筑之间的界限。密斯也是一样，在相同的文化环境中接受训练，对建筑空间有着一种强烈的图形视角。

艺术的结合在《马列维奇的建构》的总结中清晰可见：多彩的矩形在空间左下角飞长，而后在平面的中统一、凝固，在设计的轴测投影中汇合。主题是从二维的绘画到三维的建筑的转化——这正是哈迪德经常回归的主题。在随后的项目以及练习中她分派她的伦敦建筑联盟的学生，邀请他们将马列维奇的绘画转化为建筑项目。

（意）路易吉·普雷斯蒂南扎·普利，扎哈·哈迪德[M]. 罗马：爱迪尔斯坦纳出版社，2001：9-15

天衣无缝

作者：玛丽亚·路易莎·弗里萨

创新天才；有梦想。不断前进；带着想象不同生活的想法；好设计师；发展项目的天才，构思一把椅子，一座房子，一栋建筑，一个广场，一个街区，一座城市，一个世界；发明，想象，规划。梦想家如扎哈·哈迪德，将成见抛诸脑后，宁愿冒险，她在时间的循环中发掘缺口，使我们每一个人可以有一刻改变自己的视点。

……为衡量自己而挑战新情况和语言是一种天赋，为了考验自己而尝试新的解决方案。项目场地不是一个围起来的孤立区域，而是通过路径与现实世界相连。2000年，包含三部分的展览"城市、花园与记忆"在美第奇别墅举行，其最后的部分贡献给了"花园"，一个非常特殊的场景。在罗马这个世界上最美的城市之一的中心，艺术家和建筑师们通过其作品彼此相遇，为不同寻常的文脉自由地提出想法和愿景。哈迪德提出的通过运用无数线网片段直达选定场地的定点，度量天空、陆地和树木之间的空间，同年，马西米利亚诺·福克萨斯策展的威尼斯建筑双年展在"少一些美学，多一些伦理"的纲领性主题的下开幕。一个对抗现代大都市暴力的浓缩视角发现了一个过去公园冥想维度的新变体，一个完美的设计。

展览主题被阐释为自然与文化间的联系。从植物生命到城市，流动又不断地变化，人群与社区身份所在的物理与虚拟的位置，由其纵横交错的活动改变而创造出无数路径。被扎哈·哈迪德从她选定区域的一部分拉伸到另一部分的线，是她项目的诗意的表达。一个动态延续的表面、充满韧性的形式似乎依靠其周围空气的存在弯转和成型。同样的，在"酒店房间"的项目、商业项目、米兰国际家具展的"大型酒店沙龙"展览中，扎哈·哈迪德对其工作做了如下解释："卧室被看作一个无缝结构，与任何物体间的相互作用相反，于是酒店房间原则性的划分是通过连续轮廓的景观实现，将所有的功能房间放入小单元。"建筑师寥寥数语强调了一个明确的意向。以连续的、无缝的动作跟随轮廓线的愿望，从大规模到小细节……

今天的城市生活有一个非常精确的节奏；它总是跟随乐曲的音符，犹如塑造着叙述了大都市建筑起伏流动歌词。所以哈迪德设计了宠物店男孩的系列音乐会，作为他们发布新专辑《夜生活》的地方。建筑师遵循了音乐家的意图并将其发挥到极致。舞台的系列设计成为了一个多层结构，以用色大胆为标志，似乎在随着音乐家的动作和他们的音乐伴奏而弯曲。当扎哈·哈迪德为弗雷德里克·弗拉芒的芭蕾舞剧《大都会（1999年）》构想舞美设计时，城市的节奏再次出现在她脑中。所有的城市噪音在场景中被完美而平衡地诠释。流动而令人回味的结构与舞者的动作和身体共生。

迷人的音乐、舞蹈和舞美设计表达了日常生活的漂泊，非常动人的、易变的日光之色。一种抽象。一个真实而又具体的梦。

（意）玛丽亚·路易莎·弗里萨. 天衣无缝[M]//玛格丽塔·古乔内. 扎哈·哈迪德的工程项目. 都灵: 翁贝尔托·阿莱曼第出版社, 2002: 118-120.

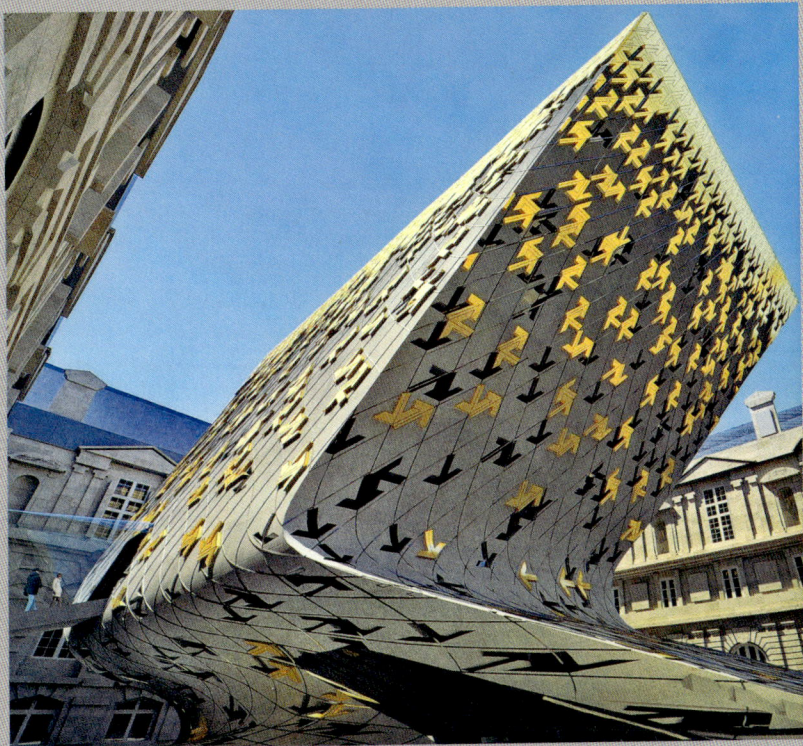

巴黎卢浮宫博物馆，伊斯兰艺术部，2005年，效果图

悬浮的艺术

作者：皮波·乔拉

扎哈·哈迪德设计的MAXXI项目——罗马的21世纪国家艺术博物馆——是城市建筑的历史和世界级建筑巨星的作品之间的一个完美结合的产物。

扎哈为博物馆做的项目展示了她以艺术大师的方式解决建筑物双重构成的问题——项目上有一定缺失但城市角色却非常清晰。一方面，她的项目是一个壮观的城市机器，转变了未来参观者和行人涌入这个令人印象深刻的现代雕塑的轨迹。另一方面，它变换了这些活动的路径，使之成为一个动感的、无法定义的展览空间，悬浮在宽阔的公共门厅区域之上，准备随时被未来陈列在此的艺术品进一步重塑。

哈迪德的竞赛设计草图给人的第一印象是一系列的层、叠加的公共空间、道路和展厅。对最终成果的分析和施工方案，清楚地揭示了不同的层是怎样参与创造一个积极、连续的空间，一个更老套、更不具概念性的空间，就城市连续性而言更加感性和高效："……博物馆像是城市的拓展，并且城市进入了博物馆。"渴望将生活带入带有时代曲调的先进文化中心，业主出发去寻找一种适合场地不朽的天性的工作，但也能在大师作品现代行程中找到城市的场所。哈迪德的项目似乎是唯一符合这个要求，并且又如此的大胆、可信。评估的标准是明确的：建筑的品质，与周围环境的关系，创造性，可行性。扎哈的项目似乎提供了所有正确的解决方案：包括公众与城市对该空间的可达性，一个强烈而难忘的建筑形象，最后，以聪明方式实施建设计划的能力。

如我们所说，罗马项目是扎哈·哈迪德作品发展的试金石。在大都会建筑事务所（OMA）内以独特的方式学会了由库哈斯和曾格利斯发明的极好的"鸡尾酒"的配方——参考了理性的现代主义图景的构成主义，汲取了后现代主义"画报"的力量，通过图形建筑倾向于揭示并拆除复杂的三维系统中统治其结构的张力和空间，扎哈很快就成了团队中独立的一员。她的建筑最终找到了自己的方式翻译空间中的运动，找到了由玻璃和钢筋混凝土构成的材料与结构的相对基本系统的具体化的方式。

从山顶俱乐部到维特拉消防站再到罗马的MAXXI，她的项目不断承担结合二维元素的特点，这些元素坚实、动态、或多或少地交织在一起，大胆地悬挂在日复一日的城市空间之上。

扎哈与城市的时空精神一致，与20世纪末的思想一致，被在快速的、移动的、缠绕的、混合的、由相关结果而不是稳定景观组成的特性中找到真相的理念召唤着。圭多·雷尼大街项目令人兴奋的工作模型展现了设计过程如何走向最终成熟的结果，哈迪德的事务所也准备好用自身实验一个伟大的"纪念性"综合体（将在不同的城市中建造）；现在，扎哈·哈迪德自己可以朝着多样、更广阔的视野、没有边界的二维空间概念前进。

我们可能会说，在罗马，扎哈·哈迪德发挥了"意大利面式的建筑"的大赋，生成室内空间，以及有张力的壮观的室外空间；当博物馆最终开放，艺术品被放置于画廊的时候，人们能够更清楚地理解其设计甚至超过了任何限制。从那时起，这个伦敦公司的设计有了一个巨大的飞跃，同时也

受到了业界的青睐，因为罗马的MAXXI项目，评论家开始对这个基于伦敦、伊拉克出生的建筑师露出微笑。扎哈·哈迪德似乎突然意识到，要解决越来越多的要求和空间重要性的项目时，她需要权衡她对体块和三维空间的想法。最初在辛辛那提，尤其在沃尔夫斯堡的科学中心，她的实验是尝试提供一种过程，其设计中典型的大规模空间条件的动态下沉空间，不再还原成一系列灵活、不安的线性建筑的集合，像是拉奥孔雕像中戏剧化缠绕的躯干和四肢一样。

苏珊·格鲁伯、蒂里·格鲁伯. 21世纪的博物馆[M]. 慕尼黑、柏林、伦敦、纽约：普瑞斯泰尔出版社，2006（文本由该版作者修改。）

参考文献

Y. Futagawa, *Zaha M. Hadid*, Tokyo, 1986.

C. De Sessa, *Zaha Hadid. Eleganze dissonanti*, Testo&Immagine, Turin, 1996.

A. Betsky, *The Complete Zaha Hadid*, Thames and Hudson, London, 1998.

Zaha Hadid. Das Gesamtwerk, Deutsche Verglas-Anstalt, Stuttgart, 1998.

H. Binet, *Architecture of Zaha Hadid in Photographs by Hélène Binet*, Lars Müller Publishers, Baden, 2000.

L. Prestinenza Puglisi, *Zaha Hadid*, Edilstampa,Rome, 2001.

Z. Hadid, P. Schumacher, *Latent Utopias: Experiments within Contemporary Architecture*,

Steirischer Herbst, coproduced with Graz 2003 – European Capital of Culture, Graz, 2002.

M. Guccione (edited by), *Zaha Hadid. Opere e progetti*, Umberto Allemandi, Turin, 2002.

Zaha Hadid, 1983-2004, "El Croquis" (52+73+103), El Croquis Editorial, Madrid, 2004.

P. Schumacher, G. Fontana-Giusti, *Zaha Hadid: Complete Works*, Thames and Hudson, London, 2004.

P. Schumacher, *Digital Hadid: Landscapes in Motion*, Birkhäuser, Basel, 2004.

A. Papadakis, A. Papadakis (edited by), *Zaha Hadid: Testing the Boundaries: 40 Recent Projects and Buildings*, Papadakis Publisher, London, 2005.

G. Celant, M. Ramirez-Montagut (edited by),*Zaha Hadid*, Guggenheim Museum Publications,New York, 2006.

Other texts referred to in the anthological section:

Architecture and the Museum, Alice Rawsthorn interviews Zaha Hadid for the Frieze Talks, as part of the Frieze Art Fair, London, October 21, 2005. Transcribed in *Frieze Projects: Artists' Commissions and Talks 2003-2005*.

S. Greub, T. Greub (edited by), *Museums in the 21st Century. Concepts, Projects, Buildings*, exhibition catalogue, Prestel, Munich-Berlin-London-New York, 2006.

本书由意大利24小时出版社授权翻译出版

责任编辑：姚丹宁　戚琳琳
书籍设计：张悟静　何　芳
营销策划：黎有为
责任校对：张惠雯

经典与新锐——建筑大师专著系列

扎哈·哈迪德
ZAHA HADID

【意】玛格丽塔·古乔内　编著
兰梦宁　译
王　兵　校

*

中国建筑工业出版社出版、发行（北京海淀三里河路9号）
各地新华书店、建筑书店经销
北京锋尚制版有限公司制版
北京富诚彩色印刷有限公司印刷
*

开本：889毫米×1420毫米　1/32　印张：3¾　字数：170千字
2021年11月第一版　2021年11月第一次印刷
定价：78.00元
ISBN 978-7-112-26326-4
　　　（27576）
版权所有　翻印必究
如有印装质量问题，可寄本社图书出版中心退换
（邮政编码 100037）